Walther Rohdich

Die Bockholter Berge bei Greven und Münster

Walther Rohdich

Die Bockholter Berge bei Greven und Münster

Rediroma-Verlag

Bibliografische Information der Deutschen Nationalbibliothek:
Die Deutsche Nationalbibliothek verzeichnet diese Publikation in der Deutschen Nationalbibliografie; detaillierte bibliografische Daten sind im Internet über http://portal.dnb.de abrufbar.

ISBN 978-3-98527-332-4

www.rediroma-verlag.de
24,95 Euro (D)

Inhaltsverzeichnis

Vorwort

Braucht ein Buch wie dieses ein Vorwort? Nicht dringend, antwortet der Autor. Aber nach mehreren Besuchen des hier fraglichen Objektes „bei Tag und Nacht" ist er nicht mehr sicher – und was soll's! Im folgenden Kapitel „Erinnerungen" wird vielleicht auch der Leserschaft klar, dass ein paar Sätze vorab nicht schaden können. Denn eine lockere Befragung der Besucher durch den Autor Walther Rohdich hat ergeben, dass eine ganz andere Klientel als vor 50 Jahren das Naturschutzgebiet besucht und diese kaum etwas über die Tier- und Pflanzenwelt weiß. Und weil besonders die Tiere hier Meister der Tarnung sind, kann das kaum anders sein. Wer, zum Beispiel, kennt einen Sandlaufkäfer oder Ameisenlöwen? Was sich alles in den letzten Jahrzehnten geändert hat, versucht der Autor im genannten Kapitel darzulegen…

Erinnerungen

Autor Walther Rohdich hat seit vielen ungezählten Jahren die Bockholter Berge nicht mehr betreten! Jetzt, 2020, wo er sich für den Rest seines Daseins in Greven fest etabliert hat, ein Ort, zu dem diese „Berge" politisch gehören, jetzt also hat er sich auf sein E-Mobil, auch Scooter genannt, geschwungen und ist über Gimbte dort hingefahren. Über Gimbte deswegen, weil der Schifffahrter Damm nicht mit einem Radweg versehen ist und ein E-Mobil auf ihm nicht fahren darf. Doch da sein fahrbarer Untersatz „16 Sachen" schafft, war er in einer halben Stunde über die Sprakeler Straße und den Abzweig links in Gimbte. Kurz gefragt, ebenso kurz geantwortet „durchs Dorf, an der Kirche vorbei immer geradeaus und über die Ems direkt auf den ersten Parkplatz". Und weil es zeitiger Samstagvormittag war, erwartete er einen vollen Parkplatz.

Vorab möchte er eine Schilderung „der Zustände“ der Bockholter Berge und der sie umgebenden Straße nach Greven „Schifffahrter Damm“ geben. Diese Straße, die sich früher nicht mit den verpönten drei Konsonanten schreiben ließ, erlebte er bei seinen ersten Wander- und Radtouren von Münster aus noch als Kopfsteinpflaster mit leichter Wölbung, um den Regen ablaufen zu lassen und mit Pferdegespannen befahren. Diese Holperstraße samt unmittelbar angrenzendem Straßengräben und den regelmäßig aufgestellten Begrenzungsteinen aus Basalt mit weißem Anstrich erwies sich als Eldorado der Reptilien und Amphibien. Diese Reptilien namens Berg- oder Waldeidechse (Lacerta vivipara) benutzten die Basaltsteine zum lebensnotwendigen Sonnenbaden: Indem sie morgens auf der Ostseite der Steine „badeten“, nachmittags auf der Westseite und mittags gar nicht, weil sie ja nicht gebraten werden wollten. Der wenige Tagesverkehr durch Opel-Olympia, DKW und VW-Käfer interessierte sie nicht, schon mehr die polternden Pferdewagen, wenige Rad- und Motorradfahrer und die Fußgänger, welche sie dicht passierten. Dass mal Neuntöter, Turmfalke und Bussard sich ein paar von ihnen schnappten, machte den Beständen nichts aus, denn ihr eigenes Futter wie Insekten, Käfer, Heupferdchen, Bremsen und Stechfliegen gab es in Hülle und Fülle. Zecken allerdings auch, welche sich bei Eidechsen bevorzugt an den Beingelenken festsaugen.

Von den Reptilien kommen wir zu den Amphibien Grasfrosch (Rana temporaria) und zum Wasserfrosch (Rana esculenta). Der Grasfrosch ist ans Wasser gebunden durch seine Vermehrung und für den Winterschlaf, der Wasserfrosch lebt im Wasser, vermehrt sich natürlich auch in ihm und geht nur zögernd und äußerst vorsichtig an Land, um zu jagen und sich aufzuwärmen. Wenn der Autor jetzt behauptet, dass die Straßengräben diese beiden

Arten am Leben erhielten, so übertreibt er nicht: Denn sie, diese Gräben, führten außer in extrem trockenen Jahren, bis Juni/Juli Wasser, so dass die Kaulquappen, so heißen die Froschkinder, bis dahin ihre Metamorphose vom Kiemen- zum Lungenatmer abgeschlossen haben. Dann steigen die Junggrasfrösche an Land und wurden meistens von Jungerdkröten begleitet. Die jungen Wasserfrösche suchten Tümpel, „Kuhlen“, Teiche und Seen auf, um dort weiterzuleben.

Der Autor schweift nur kurz ab, um die jährliche Sensation in Münsters Schlossgarten anzufügen: Dort stiegen damals aus der Gräfte im Juni Millionen (ungezählt) junge Grasfrösche aus, um ins Innere des Gartens abzuwandern. Die Wander- und Rundumgehwege waren dann lückenlos von den Minifröschen, nicht größer als ein Pfennigstück, besetzt. Niemand dachte damals daran, diese Wege für Fußgänger zu sperren!

Wenn der Autor zu der Zeit in Höhe der Bockholter Berge die Straße entlang ging, sprangen die sich sonnenden Wasserfrösche drei Meter vor ihm ins Wasser, so dass ein stetes Plumpsen stattfand. Die Eidechsen an den Steinen brachten diesen flink zwischen sich und den Störenfried oder ließen sich ins Gras fallen. Zauneidechsen (Lacerta agilis) kamen in der Nähe Münsters nur in den Bockholter Bergen vor, denn sie brauchen als Eier legende Reptilien lockeren, sich rasch erwärmenden Sandboden. Ihre Kollegin hier heißt deswegen „vivipara“, weil sie ihre Jungen „lebend gebiert“; sie ist damit weniger eine Lebens-Spezialistin als andere Arten der Eidechsen.

* * * * * *

Hier ist nicht der Ort, über die Ursachen des kommenden und noch laufenden Artensterbens in den Bockholter Bergen zu diskutieren. Dort noch Eidechsen und Schlangen beobachten zu können, dazu gehört heute Geduld und Sitzfleisch. Dabei muss man bedenken, dass zu der geschilderten Zeit jeder Weg, wenn er von Autos passierbar war, auch befahren werden konnte. Der Autor hat dort seine ersten Kaninchen-, Hasen- und Rehwildaufnahmen gemacht und hier in schwarzweiß beigefügt, auch Singvögel und Insekten aufgenommen, die heute nicht mehr zu sehen und zu hören sind. Autor Walther Rohdich möchte jetzt einmal einen Vergleich zum Besten geben, der „damals“ und „heute“ klar veranschaulicht: Fünf Ansitze in den Bockholter Bergen. „Ansitz“ ist hier ein Jägerausdruck für langes Ansitzen und Warten, um zu beobachten oder zum Schuss zu kommen; hier freilich ein Fotoschuss!

Erster Ansitz damals: Es galt, abendlich durchziehendes Wild anzublitzen. Ein Reh lief mitten ins Blitzlicht hinein, (kein Foto).
Zweiter Ansitz damals: Auf einer Holzbank sitzend kam bei schönstem Sonnenschein ein Weibchen der Zauneidechse heran und wählte des Autors Schuhe als Sonnenplatz, (siehe Farbfoto).
Dritter Ansitz damals: Nächtlich wanderte eine Erdkröte vorbei, (kein Foto).
Vierter Ansitz damals: Vor einem Kaninchenbau, der offensichtlich bewohnt war. Zwei Jungkaninchen traf das Blitzlicht, (siehe Schwarzweißfoto).
Fünfter Ansitz am Gellenbach. Die Hasselblad war auf einen Ast gerichtet, die ein Eisvogel, käme er heran, als „Ansitz“ nutzen müsste. Er tat es. (Siehe Farbfoto).

Alle fünf Ansitze wurden jetzt ähnlich wiederholt: Nur der vierte brachte den Erfolg, dass ein Maulwurf unterirdisch wegen eines Wurzelknubbens nicht weiterkonnte, aus seinem Erdreich stieg und seinen Einmeterausflug vor des Autors Füßen fortsetzte, (siehe Farbfoto). Das brachte ihn, den Autor, auf den Gedanken, das weithin unbekannte Leben dieses schwarzen Pelztieres näher vorzustellen. Ehe wir darlegen, dass heute nicht alles sein kann wie früher, noch einen Vergleich, den der Autor im Stil des Hermann Löns, - dessen Hiersein nicht bezeugt ist -, hätte schreiben können: die Abende damals und heute!

Damals: Sie wurden eingesungen von Amsel, Drossel, Fink und Star, begleitet von Feld- und Heidelerche, den Kontrabass gaben Waldkauz, Waldohreule und Schleiereule dazu, diese wiederum begleitet vom Keckern und Meckern der Wasser- und Laubfrösche und dem Geraschel bodenbewohnender Tiere wie Rehe, Hasen, Kaninchen und allerlei Mäusen. Insekten mochten da nicht schweigen: Die Feldgrille schwieg zwar ab der Dämmerung, wurde aber abgelöst vom fast pausenlosem Flügelklirren des Großen Grünen Heupferdes *Tettigonia viridissima* – Konzerte, wie der Mensch sie niemals veranstalten könnte. Heute: Ich bin zweimal bis zur Dunkelheit vor Ort geblieben – es hörte sich an, wie eine berühmte Generalpause in Anton Bruckners Sinfonien – absolutes Schweigen! Die Autorin Rachel Carlson hat 1963 ein Buch namens „Der stumme Frühling“ veröffentlicht. Warum und anhand welcher Tatsachen sie ihn prophezeite, kann hier nicht erwähnt werden. Weil aber die Meldungen aus Groß- und Kleinstädten sich häufen, die besagen, dass sowohl das Morgen- als auch das Abendgezwitscher der Singvögel „verstummt“ sei, scheint er eingetreten zu sein...

* * * * * *

Von nun an gehören die Textseiten der Bockholter Gegenwart. Wer wie ich ein E-Mobil fährt, kann die Bockholter Berge nicht über den Schifffahrter Damm erreichen, weil dort kein Radweg vorhanden ist. Wer wie ich in Greven wohnt, fährt über Schöneflieth die B 219 bis zum Linksabzweig Gimbte. Das feine Dorf erreiche ich in 15 Minuten, durchfahre es an Kirche und Friedhof vorbei und komme nach einem Kilometer zur Ems und deren Brücke – das ist in etwa der alte Fährübergang. Dem Straßenverlauf folgend sieht man nach ein paar Minuten den dichten Wald der Bockholter Berge vor sich und wird per Beschilderung zu Parkplätzen gewiesen. Dort befindet man sich direkt im Kerngebiet, wo man Radfahren und zum Teil Reiten kann; für E-Mobil-Fahrer gibt es nur die Beschränkung, dass man die mit niedrigen Holzzäunen eingefassten Wege nicht befahren kann. Sie führen auf und ab und kreuz und quer durch Heidelandschaften, in denen die berühmten Wacholder wachsen, aber auch vornehmlich mächtige Eichen, breite Birken und schlanke Kiefern stehen. Abwechselnd trifft man die Herde Bentheimer Schafe, welche dafür zu sorgen haben, dass Grünzeug wie Gras und junge Birken die Heide nicht überwuchert – eine Maßnahme, die auch in anderen Heidegebieten angewandt wird.

Es scheint als erforscht sicher, dass am Ende der letzten Eiszeit vor etwa 10.000 Jahren die Ems (lateinisch Amisia) große Mengen an Schmelzwasser abtransportierte und sich damit Sandschichten bei den heutigen Bockholter Bergen bildeten. Damit entstanden im Münsterland Dünen als Hügel, die bis 15 Meter Höhe erreichten, sie sind heute knapp 10 Meter hoch – in der flachen Parklandschaft durchaus eine Besonderheit. Obwohl das Münsterland im großen und ganzen aus Sandboden besteht, führt eine solch hohe Ansammlung von kargem Sand zu einer besonderen Tier-und Pflanzenwelt – darauf kommen wir noch zurück. Der Sand soll beim Abtauen der Gletscher aus der Senne hergekommen sein.

Wer nun an die Dünen der Nordsee denkt, kombiniert falsch und richtig zugleich: Falsch, weil er den Sand kaum entdecken kann, richtig, weil er durch eine feste Pflanzen- und Wurzelschicht verdeckt wird. Hier kommt eine Vegetation zurecht, die woanders nicht gedeihen könnte und nun durch einige Spezialitäten Seltenheitswert hat. Doch der langsam wachsende Wacholder muss behütet werden, weil er sonst von anderen Pflanzen untergebuttert würde; dieses Schicksal träfe auch die Heide, wenn die braven Schafe, welchen jeden Besucher und Wanderer interessiert betrachten, nicht in ihrem unersättlichen Appetit „das Unkraut“ dezimierten. Früher, ehe der Naturschutz seine Hand aufs Gebiet legte, stachen die anliegenden Landwirte Soden und Plaggen vom Boden ab, um eine Stallstreu und Bodendünger zu haben – bedenken wir, dass es nicht immer ausreichend Viehmist zu Düngen gab und Kunstdünger überhaupt noch nicht zur Verfügung stand. Im übrigen hatten Landwirte traditionell mit Naturschutz wenig am Hut: Das wundert nicht in Zeiten, da karge oder Missernten sofort Not im Gefolge hatten und man auf wilde Tiere wenig Rücksicht nehmen kann.

Vergleicht man das Schutzgebiet Bockholter Berge mit anderen Schutzgebieten Deutschlands und Mitteleuropas, deren Böden feuchter und fruchtbarer sind oder die sonst klimatisch günstiger liegen, dann wird die Kargheit des Gebietes unübersehbar. Vor allem die Welt der Reptilien und Insekten ist dort hundertfach zahlreicher. Zum Beispiel: Ich habe bei 10 abendlichen Besuchen nur eine Erdkröte, welche ein Dämmerungs- oder Nachttier ist, beobachten können. Der benachbarte Gellenbach ist als Laichgebiet für Frösche, Kröten, Unken und Molche kaum geeignet, und auch Insekten wie Köcherfliegen, Libellen und anderen hat er wenig zu bieten. Es fehlen, ganz klar, ruhige Gewässer wie Teiche und „Kuhlen“ - diese lagen früher an oder auf jeder Viehweide, damit das Vieh trinken konnte.

Wer weiß heute noch, dass sich in der Evolution zwei Gruppen von Blutsaugern scheinbar abgesprochen haben: Die eine liebte die pralle Sonne und den leichten Boden, Bremsen und Blinde Fliegen, die andere wie Stechmücken oder Moskitos den schwülen Tag ebenso wie die schwüle Nacht und reichlich Tümpel, Stillwasser und Gräben. Nur der Winter war frei von Blutsaugern. Nach diesen meinen Ausführungen, die auf reichhaltige Erfahrung und damit Wissen basieren, wollen wir uns jetzt im bebilderten Teil dieses Werkes auf Wanderung und Erkundung begeben. Ich betone, dass ich in diesem Teil „Von A bis Zett“ die Zeit vom Beginn „meines ersten Erscheinens“ in den Bockholter Bergen bis zur jetzigen Zeit vor Drucklegung des Buches abhandle.

„In den Bockholter Bergen,
in dem wunderbaren Land,
ging ich auf und ging ich nieder:
Allerlei am Weg ich fand.“

Also auf den Spuren des Hermann Löns, der, wie auf einer Internet-Seite zu lesen ist, 1934! hier gewesen sein soll! Ob er vor seinem Todesjahr 1914 diese Landschaft besucht hat, ist nicht belegt; daran ändert auch der Gedenkstein nichts, der aufgestellt, aber nicht gepflegt wurde, und auch sein Aufenthalt in Münster nichts. Alles bleibt fraglich. Ich möchte darum ein anderes Gedicht von ihm bringen, das von seinen romantischen Gefühlen den kleinen Kreaturen gegenüber zeugt:

„Hoch oben von dem Eichenast eine bunte Meise läutet
ein frohes Lied, ein helles Lied, ich weiß auch, was es
bedeutet.
Es schmilzt der Schnee, es kommt das Gras, die Blumen
werden blühen,
es wird die ganze weite Welt in Frühlingsfarben glühen.
Die Meise läutet den Frühling ein, ich hab's schon lange
vernommen,
er ist zu mir bei Eis und Schnee mit Singen und Klingen
gekommen."

„Die Wacholderheide ist", heißt es, „ein Fenster in die Vergangenheit". Darum frage ich mich heute, warum man aus der Heide einen Wald hat entstehen lassen? Zumal seit dem Mittelalter der Mensch ihn immer weiter zurück gedrängt hat. Der Holzverbrauch war damals normal und notwendig und der Mensch die Natur verändern, wenn er überleben wollte. Das führte zu ausgedehnten Heide- und Moorflächen, wo auch riesige Schafherden allen neuen Bewuchs wir Gräser und Blumen niederhalten konnten – außer dem Wacholder! Er ist nicht essbar und zudem mit feinen Dornen bewaffnet. So ist verbürgt, dass um die Mitte des 19. Jahrhunderts die Bockholter Berge aus Besenheide und lockeren hellen Sandfeldern bestand. So etwas wollte die anliegende Bevölkerung gar nicht, so dass man mit Aufforstungen begann. Zwar sollen um 1900 die so genannten Dünen wieder locker bewaldet sein, aber Kahlflächen und kaum wachsende Vegetation galten als Armut – da kam Hermann Löns. Wie man auch zu ihm heute stehen mag: Er machte die Heide populär und war ein Erfolgsautor ähnlich Karl May!

Es gibt noch etwas, das bedenklich stimmt: Die Klassenausflüge in die Bockholter Berge scheinen total ausgefallen zu sein, jedenfalls habe ich das auf Befragen feststellen können. Bis 1940, erinnere ich mich, machten auch die Klassen der Volksschulen Ausflüge dorthin, die der Gymnasien stellten sie nach dem Krieg ein und haben sie offensichtlich nicht wieder aufgenommen.

Heute sollen Fördermittel der EU und des Landes NRW sicherstellen, dass die Heidelandschaft als Zeuge der Vergangenheit erhalten bleibt. Erhalten? Der Autor ist der Meinung, dass radikal vorgegangen werden sollte und nur alle alten originellen Bäume stehen bleiben sollten – freier Himmel also! Außerdem sollte im Kerngebiet ein Gewässer angelegt werden – es ist kaum vorzustellen, welch ein Eldorado es für alle Tiere und Pflanzen wäre, die für ihre Entwicklung das feuchte Nass benötigen! Dabei brauchte man den Gellenbach gar nicht anzutasten. Der Autor hat ihn viele Stunden und Tage unter Beobachtung gehabt: Er beheimatet deutlich weniger Leben als vergleichbare Münsterländer Kleinbäche, zum Beispiel der Rinnbach in Venne.

Jetzt aber wollen wir das Kritisieren lassen und wie der Autor zwar nicht nur still sitzen bleiben, sondern durchaus suchen, beobachten und fotografieren...

Ein Neuanfang

Nach langer Abwesenheit und familiär nun allein „brause“ ich auf meinem E-Scooter über Gimbte den Bockholter Bergen entgegen. Die meisten ausgewiesenen Wege kann ich befahren, die eingezäunten freilich nicht, ich muss mit dem Stock mühsam über Wurzelknubben, Mulden und Hügelchen balancieren und muss darauf achten, nicht zu fallen. So geht‘s nur langsam weiter, so kann ich in meiner Ungeduld mehr Zeit zur Einstellung der Motive verwenden. Hin und wieder hilft mir ein Wanderer weiter, wenn es heißt, doch einmal einen Schritt über die Absperrung zu machen – dafür revanchiere ich mich mit der Entdeckung von Eidechsen, die meine geübten Augen eher sehen als seine, und der Kenntnis von Pflanzen, Blumen und Gräsern.

Der Autor im Jahr 1961 mit der Hasselblad 1000F und dem Novoflex 500er.

Aus dem Versteck heraus, dem so genannten Ansitz, ist manche Aufnahme entstanden.

Die vier meist benutzten Kameras des Autors. Die fünfte abgebildete Kamera war wegen des hohen Preises für eine Woche nur ausgeliehen.

1: Exakta Varex aus Dresden
2: Robot Royal
3: Linhof Technika
4: Hasselblad 500C

Überraschung im Winter März 1963: Als hätten die beiden Rehe auf mich als frisch gebackenen VW-Besitzer gewartet; dies ist eine der ersten Aufnahmen mit der neuen Hasselblad 1000F und 500mm-Objektiv.

Brotzeit des Autors mit Cola, Hühnerbein und TUC.

Ein Blick voraus beweist, dass die Bockholter Berge ein Waldgebiet geworden sind.

Der Blick zurück beweist das ländliche vertraute Gimbte.

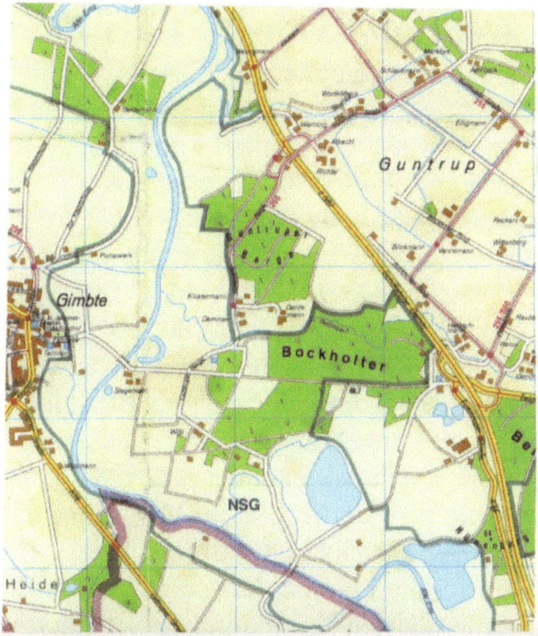

Dieses ist die Karte des fraglichen Gebiets. (Mit freundlicher Genehmigung des Städte-Verlags E. von Wagner aus Feilbach.

Der Haupteingang des NSG Bockholter Berge vom Schifffahrter Damm aus.

Die Schwarzweißfotos von 1954 bis 1965

Als ich für dieses Buch mein Schwarzweiß-Archiv durcharbeitete, konnte ich mich einer gewissen Wehmut nicht erwehren. Nicht nur, dass ich vom jedem Foto die Entstehungsgeschichte im Kopf hatte, ob in Oberbayern, am Neusiedlersee, am Kaiserstuhl oder irgendwo sonst aufgenommen, ich fand es bemerkenswert, dass sie trotz der Jahre nicht gelitten hatten – wo doch sowohl alle farbigen Papierbilder als auch die Farbdias längst den Weg allen Abfalls gegangen waren. So habe ich hier eine Auswahl getroffen, die sich in der Hauptsache auf die Bockholter Berge und ihre nächste Umgebung bezieht. Auch meine Leserschaft mag sich an ihnen erfreuen. Als Kameras standen mir damals die Dresdener Exakta-Varex und die Göteburger 6x6-Kamera Hasselblad 1000F zur Verfügung – die einzige in Münster! Ich werde diese SW-Bilder hier in einem Block bringen und mit Kommentaren versehen.

Jungkaninchen vorm Bau: eines meiner ältesten Fotos. Es entstand in den 50er-Jahren, als ich mit dem Fahrrad alle Karnickelbaue der Bockholter Berge abfuhr und zum ersten Mal fündig wurde. Runter vom Rad! Auf die Erde! Die Kamera, eine Zeiss-Ikon 6x9, vorgeschoben. Doch auf zehn Meter heran, da rutschten die beiden Kobolde in die Erde – immerhin nicht schreckhaft! Auf zwei Meter Abstand die Kamera ins Gebüsch gestellt und getarnt, mit dem zehn Meter langen Auslöser per Gummiball rasch hinter einem Baum verkrochen – war das Werk von zehn Minuten. Und da erschienen sie wieder und bauten sich so auf, dass sie in der Röhre in einem Rutsch verschwinden konnten. Da löste ich aus und die Kamera mit Vacublitzt blitzte auf…

Wie beschrieben: Ein Rohrsänger hasst auf einen ausgestopften Kuckuck und der Schnellblitz einer fünftausendstel Sekunde hielt den Flügelschlag fest. Nach kurzer Zeit hörten diese Attacken auf – der Kuckuck reagierte nicht und wurde uninteressant.

Eine Rotte Rote Waldameisen hat eine Raupe des Kiefernspanners aufgestöbert und überwältigt sie nun: Ein paar Bisse – sie ist gelähmt und kann abtransportiert werden. Früher gab es hier die großen „Ameisenhaufen“ noch.

Sumpfohreulen sind Tageulen und lieben flache Moor und Heiden. Diese beobachtete mein Kommen und Gehen in den Bockholter Bergen von 1959 und griff mich an, als ich ihr Bodennest fand und ihre Jungen betrachtete.

Auf Pirsch in einem Waldstück am Rand der Bockholter Berge, 1960 mit der Exakta-Varex bewaffnet. Ein Hase war so verdattert, auf dem Waldweg eine Figur wie mich hocken zu sehen, dass er verhoffte, (Jägerausdruck fürs Stehenbleiben), und mich eine Aufnahme machen ließ.

Wenn im Frühjahr das Wasser des Gellenbaches höher stand, kamen von draußen Wasserpflanzen mit herein, auf denen sich Wasserfrösche sonnen konnten. Eine meiner ersten Hasselblad-Aufnahmen von 1961.

Während ich mühsam versuchte, die Alttiere dieser jungen Dorngrasmücke aufs Bild zu bekommen, machte es sich dieser flügge Jungvogel auf der Kamera gemütlich.

Oben: Die Jungen der Heidelerche verlassen bereits das Bodennest, um Futter zu erbetteln. Unten: Begegnung auf der Kanalbrücke: Die Schafherde wird, wie heute noch, über Straßen in ihr neues Weidegebiet Bockholter Berge getrieben.

Oben: Der Waldkauz, früher in den Bockholter Bergen nicht selten, hat hier sein Nest auf dem Erdboden angelegt. Unten: Das Weibchen der Bodenspinne *Pisaura mirabilis* trägt ihr Eikokon mit sich herum.

Oben: Die Waldmaus *Apodemus sylvatica* ist scheu, kann lange Sprünge machen und auch neugierig sein: Ein paar Brötchenkrumen genügten, sie vor die Kamera zu locken. Unten: der erste Ausflug des jungen Iltis endete abrupt vor der Kamera.

Oben: Das Weibchen der Zauneidechse, offenbar schwanger, sonnt sich auf einem Stein.

Unten: Der Versuch, ein Reh nächtlich anzublitzen, ist geglückt.

Oben: Eine Fasanenhenne brütet so fest, dass sie bei Berührung sitzen bleibt.

Unten: Ein Schwarm Stare versammelt sich und richtet sich mit viel Geschrei zur Nachtruhe in den Bäumen der Bockholter Berge ein.

Dieses Nest der Amsel, das Weibchen ist mit Futter eingetroffen, lag versteckt in einem dichten Gebüsch – dies ist hier nicht mit aufs Bild gekommen.

Die Larve der Blauen Wasserjungfer ist im Gellenbach herangewachsen und musste zur Verpuppung „aussteigen". Die Flügel sind nun getrocknet und durchblutet, nach einigen Aufnahmen flog sie davon.

Abenteuer mit Tieren und Pflanzen von A bis Zett in den Bockholter Bergen

Die erste Ankunft, nämlich der Weitblick vom Dorf Gimbte her auf die Bockholter Berge, ist ernüchternd, denn es ist deutlich zu erkennen, dass man einen Wald vor sich hat und kein offenes Heidegebiet! So führt denn auch die Fahrstraße zu Beginn durch einen Baumbestand, bis für Autos Schluss ist oder diese rechts abbiegen und weiterfahren müssen. Von einem Parkplatz für Besucherströme kann keine Rede sein. Nach kurzer Zeit erkennt man, dass hier im beginnenden Kerngebiet mehr Hunde ausgeführt werden als Kinder. Der spätere Rückblick am Spätnachmittag, als man die neue Brücke hinter sich hat, bietet eine romantische Szenerie, welche ebenso wie die Ankunft durch ein Foto belegt werden kann. Sie wirkt wie ein altes Gemälde. Ich wählte den Weg über Gimbte, weil ich den Schifffahrter Damm nicht mit einem E-Mobil befahren darf. Das E-Mobil, siehe Bild! Es ist tatsächlich ein Auto-Ersatz und mehr: Man darf fast überall fahren und wird, besonders bei der Landbevölkerung, herzlich von Menschen und Hunden empfangen...

* * * * * *

Für ein späteres Nachschlagen sind die diesem Kapitel zugehörigen Fotos hier nummeriert und laufen nach diesem Kapitel unter denselben Nummern mit. Unser erster Kandidat ist ein Prominenter, ein Admiral mit dem schönen lateinischen Titel (*Vanessa atalanta*), Bild 1. Er fliegt im Sommer und Herbst an die reifen Früchte, die dann unter manchem Baum der Bockholter Berge liegen. Er ist ein Südländer, der früher aus dem Süden anflog und im Herbst zurückkehrte, heute überwintern die meisten bei uns und suchen sich, vielleicht in den Bockholter Bergen, ein Versteck in einem hohlen Baum oder auch in der Garage eines „Anliegers“.

Vom Hörensagen, von Tiervater Brehm, vom Fernsehstar Dr. Grzimek und einem Insektenbuch kannte ich den Ameisenlöwen Bild 2, (*Myrmileon formicarius*), dessen „Schofeleien“ den Ameisen gegenüber mich empörten, damals – jetzt, ich hockte auf einem Baumstamm inmitten einer Sandfläche, lernte ich seine Strategie des Überlebens kennen: Viele Trichter im losen Sand, die er selbst herstellte, indem er den Sand hinauswarf und nun auf die großen Roten Waldameisen wartete, die hineinfielen. Nach einer Stunde des Wartens geschah dies, und ehe die Ameise das Hinausklettern vollziehen konnte, packten sie zwei Beißzangen und zogen sie hinab. Was mit ihr unter der Erde geschah, ist nachvollziehbar: Sie wurde aufgegessen! Ich fing einen der raffinierten Nimmersatte ein und nahm ihn mit nach Hause. Dort fotografierte ich ihn mit dem Mikroskop und brachte ihn dann in sein Revier zurück, damit er sich, denn er ist eine Larve, zur Ameisenjungfer, Bild 3, verpuppen könne.

Ameise, Rote Waldameise, (*Formica rufa*), Bild 4. Sie läuft einem normalerweise über die Füße und krabbelt, wenn man auf purem Boden sitzt, in die Hose oder sonst wohin. Und sie ist die große Aufräumerin und das Reinemach-Tier. Weil sie in riesenhafter Verwandtschaft lebt, bildet sie Staaten: Das sind die großen Ameisenhaufen oder -völker, die man früher in jedem Waldstück sah. Inzwischen sind auch diese selten geworden. Sie schleppen nicht nur totes Material in ihren Bau, sondern sie überfallen auch fünf Zentimeter lange Raupen, beißen sie lahm und schleppen sie gemeinsam in den Bau. Das habe ich früher einmal bildwirksam fotografiert, aber Bilder und Negative sind verloren gegangen. Sich von diesen Insekten beißen zu lassen, soll gut gegen Rheuma sein…

Der Aronstab (*Arum maculatum*), Bild 5, ist eine Pflanze des dunklen Waldes, von dem es im fraglichen Gebiet einige Partien gibt. Wie natürliches Fotolicht zum Standort bringen? Durch einen Spiegel, wie hier geschehen. Attraktiv wirkt diese Pflanze erst, wenn ihr Samenstand sich knallrot verfärbt hat.

Der Aurorafalter (*Anthocaris cardamines*), Bild 6, ist ein Frühlingsbote, nach dessen Erscheinen es freilich noch „mieses" Wetter geben kann. Auf den Frühblüher Wiesenschaumkraut sind seine Raupen angewiesen. Die Puppe überwintert, und damit erklärt sich das frühe Auftreten.

Die Blindschleiche (*Anguis frangilis*) Bild 7, ist ein Mitteldings zwischen Schlange und Eidechse. Denn ihr Skelett weist noch Beinstummel aus. Sie teilt gern mit der Waldeidechse ihr Revier, das durchaus feucht und schummerig sein kann – sie braucht dennoch wie alle Wechselwarme die Sonne.

Das Bentheimer Landschaf, Bild 8, gilt als eine robuste und anspruchslose Rasse, es ist für die Pflege von Heideflächen bestens geeignet. Größere Tiere richten sich sogar auf, um wohlschmeckendes Laub von den Bäumen zu reißen. Die Tiere sehen niedlich aus und tun ihre Arbeit innerhalb des umzäunten Gebietes – ein Wasserwagen steht für sie bereit, denn Hitze und mühsam zu kauendes und zu verdauendes Grünzeug machen durstig. Ihre Gesichter sind niedlich und fotogen, so dass manche Kamera sich auf sie richtet.

Unsere anspruchsloseste Eidechse ist die Berg- oder Waldeidechse (*Lacerta vivipara*), Bild 9, welcher das Biotop der Bockholter Berge eigentlich nicht zusagen dürfte: liebt sie doch mehr den moorigen Boden als den sandigen. Weil sie ihren Nachwuchs bis zur Geburt in sich trägt und ihn lebend gebiert, (*vivipara*), kann sie bis Norwegen hinauf existieren. Östlich der Bockholter Berge, jenseits des Schifffahrter Damms, lebt sie im Boltenmoor. Ich habe oben mitgeteilt, dass sie früher an dieser Straße massenhaft vorkam, vielleicht sind Restbestände westlich der Straße verblieben.

Die Besenheide, Bild 10, „unsere Heide" hier, wird fälschlich als „Erika" bezeichnet. Sie heißt *Calluna vulgaris* und das bedeutet normaler Besen. Sie ist so viel beschrieben, besungen, gemalt und fotografiert worden, dass sie jedermann geläufig ist. Sie kommt in anderen Heidegebieten auf den Nordseeinseln und in der klassischen Lüneburger Heide großflächig vor. Früher machten die Anlieger aus den Blüten, Knospen und Blättern einen Tee, der gegen allerlei Zipperlein wie Rheuma und Nierenleiden geholfen hat. Sie wird in einem separaten Kapitel noch näher vorgestellt werden.

Der Birkenpilz (*Boletus scaber*), Bild 11, hat seinen Namen tatsächlich erhalten, weil er mit Vorliebe unter Birken wächst. (Diesen Heidebewohner brauchen wir hier nicht vorzustellen.) Der Pilz ist hervorragend als Speisepilz zu verwenden, solange er noch jung und fest ist. *Boletus* heißt übrigens „Löcherschwamm".

Die Bockholter Berge bieten mit ihrer abwechselnden Landschaft unserer Blaumeise, (*Parus* caeruleus), Bild 12, so viel Nahrung, dass sie im Winter „hierbleiben“ kann, also kein Zugvogel, eventuell ein Strichvogel ist. Voraussetzung ist, dass sie genug Bruthöhlen findet, welche Spechte oder Menschen ihr bereiten. Wenn ein Paar Junge zu versorgen hat, sind die Altvögel „arround the clock“ vom Hell- bis Dunkelwerden unterwegs, um Raupen, Würmer, Insekten und Motten des Eichenwicklers herbeizuschaffen. Und doch: Ich habe in den Bockholter Bergen gesehen, wie ein Pärchen Eichelhäher alle Jungen der Blaumeisen abfingen, als diese den Nistkasten beim Flüggewerden verließen.

Die allbekannte Brombeere (*Rubus fructicus*), Bild 13, könnte manchen Besucher verlocken, wenn sie reif und tiefschwarz ist, zu pflücken – das ist in einem NSG nicht erlaubt; ein paar Autominuten weiter, und sie wächst frei verfügbar am Wegesrand. Sie gehört zur Familie der Rosengewächse und die Pflanze ist mit sehr stacheligen Dornen versehen. Die Ranken können in guten Jahren meterweit wachsen und ein unentwirrbares Dickicht bilden. Gelee aus Brombeeren ist eine der herrlichsten Leckereien unseres Landes – auf frischen Brötchen mit Butter...

Zu den seltenen Schmetterlingen unserer Region zählt, man mag‘s glauben oder nicht, der Baumweißling (*Aporia crataegi*), Bild 14. Er sieht aus wie der Kohlweißling, ist nur ein wenig größer und wird trotz seiner Seltenheit mit ihm verwechselt, wenn er Gärten besucht – da kennen deren Besitzer keinen Pardon beim Vergiften und Absuchen gefräßiger Raupen vom Kohl und Wirsing.

Zu den interessantesten Käfern zählen zweifellos die Bockkäfer – es gibt so viele Arten auf der Welt, dass man noch nicht alle entdeckt hat. Doch bleiben wir in den

Bockholter Bergen. Dort gibt es Alt- oder Totholz genug, dass man bei warmer Witterung diese Käfer fliegen, krabbeln, hochzeiten und anderweitig beschäftigt sieht. Ein Tag im Juli ist mir noch in guter Erinnerung, da lernte ich drei der schönsten und attraktivsten Bockkäfer kennen. Zum Beispiel den roten *Pyrrhidium sanguineum,* Bild 15, der von einer Blüte zur anderen kroch und sich nicht daran störte, dass meine Leica ständig über ihm schwebte. Der tiefbraune *Megopis scabricornis,* Bild 16, versteckte sich immerhin zwischen roten Blüten und äugte mich mit seinen braunen Augen, so jedenfalls hatte ich den Eindruck, intensiv an, bis ich ihm bis auf 10 Zentimeter wohl zu nahe gekommen war. Während er fliegend flüchtete, trat ein anderer Kandidat auf, der dritte an diesem Tag: Wespenbock *Clytus arietis,* Bild 17, der mir doch tatsächlich vormachte, eine stechende Wespe zu sein. Rotschwarz und Schwarzgelb sind die natürlichen Warnfarben der Evolution, sie kommen bei vielen Tierarten vor.

Der Buntspecht (*Dendrocpos major* oder *minor*), Bild 18, ist ein Kollege des größeren Schwarzspechtes, den ich heuer nicht gesehen und gehört habe. Er zimmert sich jährlich einmal für seine Brut eine Baumhöhle, welche in den Folgejahren, - wie schon angedeutet -, von kleineren Vogelarten genutzt wird: meist Stare und Meisen.

Es gibt noch mehr B-Tiere, über die zu berichten wäre, sie können hier nicht alle abgehandelt werden. Wie ich überhaupt, vor allem bei unseren Singvögeln, die allbekannt sind und überall vorkommen, eine Auswahl treffen muss – des Platzes wegen! Ich habe unter C und einem deutschen Namen kein Tier und keine Pflanze fotografiert oder im Archiv, so dass wir sofort zu D übergehen können. Damit steht es auch nicht glänzend. Die Dorngrasmücke, (*Sylvia communis*), Bild 19, war früher ein Allerweltsvogel, heute habe ich nur zwei ihrer Nester finden und ihren typischen Gesang vernehmen können, der sich anhört, als wenn man zwei Kieselsteine aneinander schlägt. Ich wollte die Jungen gar nicht fotografieren, aber plötzlich kam mir der Altvogel so nahe, dass ich auslösen musste. Mit dem Rückgang der Grasmücken und Rohrsänger ist auch zu erklären, dass der Kuckucksgesang verstummt ist. Just erhob ich mich, als ein weibliches Stück Damwild, (*Dama dama*) mit Kalb hinter mir stand und ich mich in Sekundenschnelle entscheiden musste, wer zu fotografieren war, Mutter oder Kind, Bild 20? Ich fragte einen Forst- und Jägersmann nach dem Vorkommen von Damwild hier. Er tat geheimnisvoll und rückte schließlich damit heraus, dass ein anliegender Landwirt Damwild zu halten und zu züchten versuchte, weil es „überall", so auch in der Davert, ausgesetzt und heimisch gemacht werden sollte – „zu Jagdfreuden sozusagen".

Mit E gibt es in den Bockholter Bergen so viele Tiere und Pflanzen, dass hier nicht alle vorgeführt werden können. Beginnen wir mit der Eiche, (*Quercus*), Bild 21, die es in vielen Spielarten und in jedem Alter gibt. Würden alle Eicheln, die ein Baum im Herbst abfallen lässt, zu Bäumen werden, „sähe man den Wald vor lauter Bäumen nicht". Diese Eicheln! Nicht nur, dass Wildtiere sie gerne essen und fett dabei werden: Auch der Mensch mag sie in gerösteter und gemahlener Form zum Aufguss von Eichelkaffee! Das seltenste E-Tier und das attraktivste dazu in den Bockholter Bergen ist der Eisvogel (*Alcedo atthis*), Bild 22. Er ist so ans Fisch- und Wasserlarven-Essen gebunden, dass sein Revier nur in einer gewissen Strecke des Baches oder Gewässers besteht, das er gegen Rivalen behaupten kann. Er ist ein „Ansitzjäger". Dieses bedeutet, so lange auf einem Ast oder Zweig über Wasser zu lauern, bis sich unter ihm ein Klein- oder Jungfisch schnabelgerecht präsentiert – ein Sturzflug ins Wasser: meist gerät die Beute in den spitzen Schnabel und wird mit einigen Mühen verspeist. In der Brut- und Nistzeit bringt der Altvogel seinen Jungen den Fisch, die in einer ein Meter tiefen Brutröhre im Steilufer warten. Efeu (*Hedera helix*), Bild 23, ist jedermann bekannt und kann, wie das Foto zeigt, ein Motiv verschönernd verändern. Er lebt nicht, wie exotische Lianen, indem er den Baum schädigt. Wer hier in den Bockholter Bergen eine Erdkröte (*Bufu bufo*), Bild 24, sehen möchte, muss zur Dämmerung herkommen. Dann verlässt sie ihr Tagesversteck und geht auf Jagd. Alle Kleintiere, die nun ebenfalls zu Fuß unterwegs sind, müssen sich vorsehen: Laufkäfer, Regenwürmer, Schnecken und junge Molche – ihr breites Maul macht nur einen Haps und ab geht's in den Magen! Ich beobachtete ein Erdkrötenweibchen, das sich von einem Grasfroschmännchen, (*Rana temporaria*), Bild 26, begatten ließ; natürlich vergeblich! Der Frosch gab schließlich auf und nahm den Tagschmetterling Brauner Bär, (*Arctica caja*), Bild 26, in sein breites Maul zu nehmen und zu verschlingen – daraus wurde nichts, denn der kräftige Falter schlug mit den Flügeln um sich, dass es staubte und er freikam, wenn auch zerzaust.

Die Einbeere (*Paris quadrifolia*), Bild 27, einer Blaubeere ähnlich aber sehr giftig, kam früher, als der Boden noch nicht so ausgetrocknet war wie heute, hier noch häufiger vor. Die niedrige Bodenpflanze ist unverwechselbar, weil sie von vier Blättern eingefasst ist: *quadrifolia*. Es gibt noch einen zweiten Eisvogel, (*Limenitis populi*), ein Schmetterling Bild 28, den ich zwar gesehen und mit der Kamera verfolgt habe, der aber in die Baumkronen entkommen konnte. (Bildnachweis Wikipedia).

Das F-Tier Florfliege (*Chrysopa perla*), Bild 29, ist eines der zartesten Insekten, das man in den Bockholter Bergen beobachten kann. Es sonnt sich an warmen Tagen auf den niedrigen hölzernen Geländern der Wege und wird auch von sonst aufmerksamen Wanderern übersehen. Die Flügel wirken glasklar und grünlich, und erst, wenn man solch ein Insekt gefangen hat oder fotografiert, erkennt man auch die wie echtes Gold anmutenden Augen. Die aus den Eiern schlüpfenden Larven ähneln denen des Marienkäfers und sind wie diese „Blattlauslöwen“; Das heißt, sie packen sich die Blattläuse, spießen sie auf und saugen sie aus.
Die Feldheuschrecke, die ich in der noch nicht blühenden Heide „aufschreckte“, war graubraun und zeigte beim Abfliegen ihre orange gefärbten Flügel: also schien sie (*Stenobothrus lineatus*) zu sein, Bild 30. Da ich sie sonst nur aus wärmeren Gegenden wie dem Kaiserstuhl kannte, war ich sehr überrascht und vielleicht der Erste, der sie hier entdeckte. Weil sie immer nur meterweise flog, folgte ich ihr und kam zu dieser Aufnahme mit den ausgebreiteten Flügeln.
Die Fliegenpilz (*Amanita muscaria*), Bild 31, leuchteten mir schon von weitem entgegen, sie standen in Gesellschaft ihresgleichen dicht am Zaun, so dass ich sie noch fotografieren konnte. Frisch in Rot und Weiß glänzend sehen sie sehr attraktiv aus, sind aber keine Glückspilze, weil sie viel Atropin besitzen. In früheren Notzeiten wussten die Menschen, wie man sie ungiftig macht und verzehren kann: Abbrühen und das Kochwasser weggießen!

Gelbrandkäfer (*Dytiscus marginalis*), Bild 32, weiß jeder Herpetologe, halten sich am liebsten im Wasser auf, und das stimmt, denn es ist tatsächlich sein Lebenselement und

das seines Nachwuchses. Doch wer ihn das erste Mal an Land klettern sieht, nämlich das Steilufer des Gellenbaches hinauf und dort wie eine Ju52 starten, ist doch sehr verwundert. Warum verließ dieser hübsche schwarze Geselle das Wasser? Der Gellenbach ist ziemlich arm an Futter und Gesellschaft – vielleicht war‘s das. Auf jeden Fall fing ich den nächsten ein und fotografierte ihn im mitgeführten Aquarium.
So attraktiv er sein mochte, sein Kollege Goldglänzender Laufkäfer, (*Carabus auronitens*), Bild 33, schlug ihn im Wettbewerb „Schönheit“ um Längen. Er ist ein Laufkäfer, der die Sandwege von Nadelholzwäldern liebt und genau und artgerecht in die Bockholter Berge passt. Dort, auf den genannten Wegen, findet er seine Beute: kleine Raupen, die er in einem Happen aufnimmt, mittlere, die er in der Mitte kaputt beißt, und große, mit denen er Minuten lange Kämpfe bestehen muss.

Dass unser Hase, (*Lepus europaeus*), Bild 34, nicht nur im Feld auftritt, (Feldhase), sondern auch im „Wald und auf der Heide“, zeigt dieses Foto, das ich in den Bockholter Bergen machte; Jäger sprechen gern von „Waldhasen“. Als ich den gut erkennbaren Weg fotografieren wollte, sprang dieser mitten ins Motiv und gab mir Zeit zu einer einzigen Aufnahme. Dann ein Sprung, Hasen sind Weltmeister in dieser Disziplin, und fort war er, untergetaucht in der Vegetation.
Als „der Knab ein Röslein sah, Röslein auf der Heiden“, dachte er natürlich an richtige Rosen, wie sie zu Hause im Garten wuchsen – aber es war nur die Heckenrose, Bild 35 und die Hagebutte, Hainbutte, Hundspetersilie oder Hundsveilchen genannt, (*Rosa canina*), Bild 36. Ihre rote Frucht wurde früher viel genutzt, wegen ihres hohen An-

teils an Vitamin C, ätherischem Öl und Pectin. Sie galt als Mittel gegen Steinleiden und Bandwürmer.

„Viel Nüsse – harter Winter“, sagt ein Sprichwort; niemand prüft das nach! Doch stimmt es, dass die Erträge an Haselnüssen erheblich schwanken, (*Corylus avellana*), Bild 37. In den Bockholter Bergen stehen die Sträucher überall an Waldrändern und lassen ab September ihre Früchte zu Boden fallen. Dort keimen die wenigsten, die meisten werden von Eichhörnchen und Mäusen „verwertet“.

Das Große Grüne Heupferd, (*Tettigonia viridissima* - die „Grünste“), Bild 38, und zwar das Männchen, wurde von meiner Hasselblad erwischt, als es mit staksigen Beinen einen Halm erstieg und mit seinen Hautflügeln zu musizieren anfing. Ich brauchte nur in die Hocke zu gehen und meine Stellung nach links zu verändern, dann hatte ich die Sonne mit im Bild – während unten sein Weibchen ihren Legestachel in die Erde versenkte und seine Eier dort ablegte. Dieses interessante Insekt gehört zu den Laubheuschrecken, deren Männchen im Sommer die Landluft mit ihrem Zikadengesang“ füllen. Die Töne werden durch Aneinanderreiben der Flügel erzeugt. „Noch ein paar Jahre weiter so mit der Landwirtschaft, dann verstummen auch sie.“

Die Honigbiene (*Apis melifica*), Bild 39, hatte ich ursprünglich gar nicht ins Buch aufnehmen wollen, weil sie „ein Tier“ des Menschen ist. Auch wenn sie hier nicht so produktiv wie in anderen großen Heidegebieten ist, es gibt sie eben doch. Vom Honig kommen wir aufs Bier. Es kann, heißt es, nur mit Hopfen (*Humulus lupulus*), Bild 40, gebraut werden. Seine wilde Form ist dabei, Wald-

und Heckengebiete, auch die der Bockholter Berge, zu erobern. Ihre Ranken erklettern Bäume von 6 Metern Höhe. Oft gemeinsam mit Efeu, so dass sie ein Rankengebilde darstellen, das kaum zu entwirren ist.

Als ich eine runde Öffnung in einem vermodernden Birkenstamm kontrollierte, „wer hier wohnen mag?“, dachte ich so lange nicht an Gefahr, bis mich ein heller Summton warnte: „Nichts wie weg hier!“ Recht so! Denn eine Gruppe „Wächter“ oder „Aufpasser“, den jedes Volk dieser Insekten beschäftigt, wollte sich auf mich stürzen – instinktiv warf ich mich zu Boden und kroch fort: So entkam ich den Hornissen (*Vespa crabro*), die auch Dolchwespen heißen. Nachdem sich die Tiere beruhigt hatten, baute ich in sicherer Entfernung die Kamera mit Tele und Blitz auf und fotografierte die fliegenden Hornissen, als sie sich im Ein- oder Ausflugloch befanden, Bild 41.

Die Hohltaube, (*Columba oenas*), Bild 42, sieht der Ringeltaube sehr ähnlich, nur dass ihr der weiße Ringel fehlt und sie natürliche Höhlen zum Nisten benötigt. Sie lebt in den Bockholter Bergen still und heimlich vor sich hin und fällt nur Fachleuten auf. Was gibt‘s in den Bockholter Bergen mit I? Igel? Hab keinen entdecken können; Immergrün? Das ist Efeu, den wir schon hatten. Doch halt! Hier sah ich doch vor Jahren ein Geheck junger Iltisse! Diese Jahr gab‘s hier keine! Mit J gibt es nicht zehn Prozent Tiere und Pflanzen wie mit K, das ihm folgen wird: Den Junikäfer (*Amphimallus solstitialis*), Bild 43, der auch treffend Sonnenwendkäfer heißt, kann man jetzt antreffen. Er sieht dem Maikäfer ähnlich und benimmt sich beim Fliegen ebenso tölpelhaft wie dieser: Er ist Meister von Zusammenstößen in der Luft. Als ich im Juni bei Dunkel-

heit im innen erhellten Auto saß, „bummste" es alle Minuten drei- bis fünfmal.
K beginnen wir mit dem Kleiber, (*Sitta* pinetorum), Bild 44, der auch Spechtmeise heißt und Kleber heißen müsste. Denn er pflegt den Eingang seiner Bruthöhle mit einem eigenen Gemisch zuzukleben, so dass nur er einschlüpfen kann. Im Winter ist er an jedem Futterplatz zu finden, der eingerichtet wird.

Die Klette (*Arktium lappa)* ist eine anhängliche Pflanze, Bild 45, welche besonders häufig im Grenzbereich der Bockholter Berge vorkommt. Der Name Klette hängt mit kleben zusammen, und man braucht den Fruchtstand nur mit der Kleidung zu berühren, so hält die Klette fest. Sie ist eine Heilpflanze und enthält Inulin und Gerbstoffe. Die Krabbenspinne (*Xysticus viaticus*), Bild 46, benutzt wie alle Spinnen einen Trick, um an Beute zu gelangen: Sie gibt sich als Blüte aus, um ankommende Insekten packen und verzehren zu können. Ich habe einen solchen Vorgang beobachtet und war sehr beeindruckt.
Der Laubfrosch (*Hyla arborea*), Bild 47, ist nur in der Paarungszeit und im Larvenstadium ein „Wasserfrosch". Haben sich die Kaulquappen zu Lungenatmern gewandelt, steigen sie aus dem Wasser und verteilen sich im Gestrüpp und Blätterwerk der Umgebung; erst später, vorm Winterschlaf, vereinzeln sie sich. Es ist kein Wunder, dass man sie kaum sieht, denn mit „Grün auf Grün" hat die Natur eine der besten Tarnungen geschaffen.
Unter dem Begriff Laufkäfer gibt es so viele Arten, Bild 48, dass wir sie jeweils unter ihrem vollen Namen abhandeln müssten, zum Beispiel „Leuchtkäfer", den ich in den Bockholter Bergen noch nicht entdecken konnte. Alle Libellen, die man in den Bockholter Bergen sehen kann, leben räuberisch. Zum Beispiel die *Libellula quadrifolia,*

Bild 49, die Vierfleck-Libelle heißt, doch ist das „Angebot“ hier gering, weil, wie wir bereits wissen, das Wasser Mangelware ist – in ihm wachsen die Larven heran.
Der Maikäfer (*Melolontha vulgaris*), Bild 50, ist überall selten geworden, in den Bockholter Bergen eine Rarität. Es gelang mir aber, eine Kopulation zu entdecken und zu fotografieren – das Weibchen hat nun nichts anderes zu tun, als seine Eier in den Boden zu versenken – gut, wenn es kein Ackerboden ist, denn gegen die tief pflügenden Geräte der Landwirte „ist kein Kraut gewachsen“.
Auf eine Darstellung des allbekannten Marienkäfers „Siebenpunkt“ habe ich bewusst zugunsten des „22punkt“ verzichtet, Bild 51, der den unaussprechbaren und kaum schreibbaren wissenschaftlichen Namen *Psyllobora vigintiduopunctata* trägt; er kleidet sich Gelb statt Rot, ist kleiner und fast kugelrund und im Gewirr der Pflanzen und Blumen nur aufzuspüren, wenn man ihn gezielt sucht. Wenn ein Stativbein seinen Sitzplatz berührt, lässt er sich sofort fallen.
Die bescheidene Marienblume (*Bellis perennis*), Bild 52, darf in keiner Naturschilderung fehlen und fehlt auch in den Bockholter Bergen nicht. Sie heißt auch Gänseblümchen, Tausendschön und und Maßliebchen und war früher auf jeder bäuerlichen Grasfläche zu finden – die heute eine Monokultur ist. Ein den Bockholter Bergen benachbarter Landwirt, (ohne wissenschaftliche Vorbildung), sagte mir, „früher fraß unser Vieh viele Heilkräuter mit, heute muss der Tierarzt ihm die entsprechende Medizin geben!“ Unser Maulwurf ist so bekannt, sozusagen „Das stärkste Tier der Welt“, dass ich ihm in diesem Buch ein paar Extraseiten spendieren werde.

Unter N kann ich nur ein Klagelied in Form von Fragen anstimmen: Wo ist die Nachtigall geblieben, wo die

Nachtschwalbe, die Nestwurz, die Nonnenmeise und der Neuntöter, die es alle vor 50 Jahren hier gab? Es gibt eine Pflanze Ochsenauge und einen Schmetterling, (*Maniola jurtina*), Bild 53, den ich an einer faulenden Frucht fotografieren konnte. Er ist das einzige O-Tier, das ich hier präsentieren kann. Unter P sieht es nicht viel besser aus, da ich den Pirol (*Oriolus oriolus*) nicht vor die Linse bekam, weil er stets hoch in den Bäumen sitzt und ich ihn von woanders besorgen musste, Bild 56. Mit dem Pfaffenhütchen (*Evonymus* europaea) Bild 54, und mit dem Pinselkäfer (*Trichius fascinatus*), Bild 55, muss ich zufrieden sein. Im Spätsommer fällt der Strauch wegen seiner orange leuchtenden Früchte auf, die einer Bischofsmütze gleichen. Der Käfer ist ein netter Kerl, der einen Zentimeter lang ist. Seinen Vetter, den Rosenkäfer, werden wir auch noch kennenlernen.

Das Rebhuhn kann hier nicht besprochen werden, weil es erstens nie in die Wälder geht und zweitens zwar noch vor zwanzig Jahren in den Bockholter Bergen zu hören war, wenn es in den benachbarten Getreidefeldern seine typischen Rufe hören ließ, die jeden Jäger entzückten. Der Regenwurm hat seine frühere Bedeutung für die Ernährung des Menschen verloren, wird aber im Artikel des Maulwurfs noch einmal beschrieben. Natürlich kommt er auch in den Bockholter Bergen vor – sonst gäbe es ja keine Maulwürfe! Der Rainfarn (*Tanacetum vulgare*) wächst dort, wo das Wort Rain gilt – am Rand. Er wird über einen Meter hoch, so dass seine gelben Blütendolden nicht zu übersehen sind; mit den echten Farnen ist er nicht verwandt. Als Heilkraut wurde er früher gegen Würmer genutzt.

Der Riesenschirmpilz (*Lepiota procera*), Bild 57, findet in den Bockholter Bergen den passenden Lebensraum:

lichten Wald und lockeren Boden. Er kann hier, leicht versteckt, 40 Zentimeter hoch und im Hut oder Schirm 30 Zentimeter breit werden. Er gehört jung und ausreichend gekocht oder gebraten, zu unseren schmackhaftesten Pilzen. Der Rosenkäfer, (*Cetonia* aurata) Bild 58, dessen Larve im modrigen Holz lebt, leuchtet nur in der Sonne golden, sonst ist Grün vorherrschend.
Die Ringeltaube, (*Columba palumbus*), Bild 59, ist heute, geschätzt, im Verhältnis von 1:100 in den Bockholter Bergen und in Greven vertreten. Früher behaupteten die Jäger, „sie hat auf jeder Feder ein Auge", und sie benahm sich entsprechend scheu im Revier, doch in Greven gurrt sie von jedem Dach und hilft den Dohlen und Spatzen beim Sauberhalten der Straßen und Plätze. In der freien Wildbahn der Bockholter Berge kommt kein Fotograf nah genug an sie heran.

Der Rote Fingerhut (*Digitalis purpurea*) ist mit dem Gelben Fingerhut (*Digitalis lutea*) nah verwandt, Bilder 60 und 61, aber man trifft sie selten gemeinsam. Sie sind beide starke Giftpflanzen, die noch heute in der Medizin benötigt werden.

Das abgebildete Rotkehlchen, (*Erithacus rubecula*), Bild 62, brütete in einer Halbhöhle und war so keck, mich beim Anschleichen auf drei Meter heranzulassen. Meine Blitze leuchteten auf, ohne dass es reagierte, und die Aufnahmen waren im Kasten. Das Rotkehlchen ist ein drolliger, manchmal sehr vertrauter Singvogel und scheut sich nicht, am Picknick teilzunehmen.
„Rühr mich nicht an" heißt auf Lateinisch „Noli me tangere" und meint das Springkraut, das es inzwischen in den Blütenfarben Gelb, Bild 63, Rosa und Weiß gibt. Wenn

ihre Samenkapseln reif sind, genügt eine Berührung, sie platzen zu lassen, so dass der Samen umherspringt.
Die Schlüsselblume (*Primula officinalis*), Bild 64, heißt nicht ohne Grund auch „Himmelsschlüssel“, denn sie hat den Himmel zum Frühling zu öffnen. Kein Waldboden, den sie nicht besiedelt. Im Kerngebiet der Bockholter Berge kommt sie wegen des trockenen Sandbodens nicht vor.
Der Schwarzspecht (*Drycopus martius*), Bild 65, ist früher mit Sicherheit Bewohner der Bockholter Berge gewesen, heute habe ich ihn in der Ferne gehört, aber nicht gesehen; ist er in der Nähe, macht er sich durch dringende Rufe und eifriges Schnabelklopfen am Totholz bemerkbar.
Mit Sch habe ich noch den Schildkäfer (*Cassidinae*) anzubieten, den kaum jemand kennt, „denn grüner geht‘s nicht mehr“. Er wird glattweg übersehen, zumal er sich bei Störungen ruhig verhält und keinen Fluchtversuch macht. Ich stelle ihn in zwei Bildseiten vor, die seinen Trick offenbaren, wieder auf die Beine zu kommen, wenn er einmal auf den Rücken fallen sollte: „Ein Schildkäfer dreht sich um.“ (Eine Bildserie mit der Hasselblad 500EL.)
Schwebfliegen müssten eigentlich „Stehfliegen“ heißen, denn sie können wie ein Hubschrauber „in der Luft stehen“: (*Syrphus ribesili*), Bild 66. Sie paaren sich sogar in der Luft, doch dieses Paar zog es vor, es im Bildkreis meiner Kamera zu tun.
Bei der Stechpalme (*Ilex aquifolium*), Bild 67, auch Stecheiche genannt, die am Rand der Bockholter Berge vorkommt, handelt es sich um eine immergrüne giftige Pflanze, die bis fünf Meter hoch wachsen kann.
Unsere Stechmücke (*Culens pipiens*), Bild 68, gehört eigentlich nicht in ein Buch, das Freude bereiten soll, aber wir wollen eine Ausnahme machen, weil ihre Larven, indem sie im klaren und reinen Wasser aufwachsen, dieses sozusagen damit anzeigen. Klassische Blutsauger sind nur

die Weibchen, welche das Blut zur Ausbildung der Eier benötigen. Wie man zu ihnen stehen mag, „weg damit, ausrotten und so weiter“, klar ist, dass es Mückenplagen im alten Umfang nicht mehr gibt, ihre Bestände sind in den Dörfern und Großstädten um mindestens 90 Prozent zurückgegangen – und diese Rückgänge finden stets „in Gesellschaft“ statt.
Der Steinpilz (*Boletus edulis*), Bild 69, ist einer der imposantesten Pilze der Bockholter Berge, essbar und wohlschmeckend und neben dem Pfifferling der wichtigste auf dem Markt.
An Schmetterlingen möchte ich nur drei Arten präsentieren, die abwechselnd mal mehr, dann weniger in den Bockholter Bergen vorkommen. Der schöne Schwalbenschwanz (*Papilio machaon*), das Tagpfauenauge (*Inachis io*) und der Kaisermantel (*Argynnis pahlia*), Bilder 70, 71 und 72.

Ich war in diesem Jahr skeptisch, noch einen Teichmolch (*Triturus vulgaris*), Bild 73, zu entdecken, da lief mir ein hellbraunes Jungtier, nur 5 Zentimeter lang, über die Schuhe. Es hatte sein Geburtsgewässer wohl verlassen und begab sich an Land, um dort in einem Versteck zu überwintern. Diese harmlosen Wesen sind ihren Fressfeinden völlig ausgeliefert: von gefiederten bis behaarten, Großkäfern wie Puppenräubern bis zu Elstern und Eichelhähern. Auch ihre Bestände schwanken und sind mit den Regenwasserständen abhängig.
Unter den vielen Farnen habe ich den Tüpfelfarn (*Polypodium vulgare*), Bild 74, ausgewählt, hier vorgestellt zu werden. Die Symmetrie sowohl seiner Vorder- als auch seiner Unterseite fasziniert das Künstlerische in mir. Er wächst vor allem in Laubwäldern und an schattigen Wegrändern unter Bäumen.

Früher sah man nahe den Rändern der Bockholter Berge einige Paare Turmfalken (*Falco tinnunculus*), Bild 75, welche dort Nistbäume und Mäuse fanden. Sie scheinen in die Städte abgewandert zu sein, wo man ihnen Nistmöglichkeiten bietet und es mehr Mäuse gibt.
Wo sind die Zeiten geblieben, wo man Unken (*Bombina spec.*), Bild 76, in jeder Pfütze, wassergefüllten Fahrspur und in dörflichen Teichen und Viehtränken sehen und hören konnte; sowohl die Rotbauchunke *Bombina bombina* als auch die Gelbbauchunke *Bombina variegata*? Ausgestorben!
Das Veilchen (*Viola odorata*), Bild 77, hat schon immer viel von sich reden gemacht, aber es wächst stets unauffällig niedrig am Boden, und nur Spaziergänger mit guten Augen entdecken es – neues Leben in der Natur meist! Diese Blume „kriecht“ am Boden weiter und vermehrt sich erst im zweiten Jahr. Sie war früher eine Heilblume gegen Husten und Angina – Goethe soll ihren Samen bei seinen Weimarer Spaziergängen verstreut haben.
Mit dem Buchstaben W könnten wir nur beim Wacholder, Bild 78, weitermachen. Aber er hat die Ehre, hier in einem separaten Kapitel behandelt zu werden. So folgen wir dem Alphabet mit einer Tierart, die bisher zu kurz gekommen ist; der Roten Wegeschnecke (*Arion empiricorum*), Bild 79. Wessen Wanderers Weg hat sie nicht schon gekreuzt, zwar langsam aber stetig. Ich habe ihre Geschwindigkeit auf einer Asphaltstraße gemessen: ein Meter in drei Minuten, und dabei hatte sie es noch eilig, über die Straße zu kommen. Es gibt sie in roter und schwarzer Ausführung. Als Weichtier kann sie sich dünne machen: Als ich nach einem Besuch der Bockholter Berge die Probe machen wollte, wie viel sie an Salat essen kann, tat ich zwei in einen Käfig, der oben mit dem Maschendraht 1x1 Zenti-

meter abgedeckt war – in der Nacht hatten sie sich, wie gesagt, durch diese Öffnungen dünne gemacht.
Die Deutsche Wespe (*Vespa germanica*), Bild 80, zu porträtieren, war ganz einfach: Ich legte einen Brocken Bienenstich mit der Kreme nach oben auf einen Holzstubben und stellte das Makroobjektiv um einen Millimeter dort scharf, wo ihr Gesicht sich befinden musste, wenn sie naschen wollte – das gelang bei einem Foto von zehn!
„Unsere“ Waldschnepfe (*Scolopax rusticola*), Bild 81, ist das Sorgenkind der Jägerschaft, denn obwohl sie als Bodenbrüter eine Meisterin der Tarnung ist, nur des Abends ausfliegt und kaum noch beschossen wird, gehen ihre Bestände rapide zurück: Vor 60 Jahren konnte ich Jungjägern in den Bockholter Bergen im April ein halbes Dutzend vorführen – jetzt hörte und sah ich sie nur einmal.
Das X und das Y müssen hier ausfallen. Doch mit Z haben wir ein paar Abschlusskandidaten. Da ist die Zauneidechse, der wir ein eigenes Kapitel zugeordnet haben. So geht‘s mit dem Zaunkönig (*Troglodytes troglodytes*), Bild 82 weiter. (Übrigens: Nach Carl von Linnés Ordnung bekommt nur ein Tier „ohne enge Verwandtschaft“ gleichlautende Doppelnamen). Troglodytes ist altgriechisch und heißt Höhlenbewohner. Dieser kleine Allerweltsvogel mit der kecken Stimme zeck-zeck-zeck, der im Winter bei uns bleibt, ist natürlich auch in den Bockholter Bergen zu Hause. Ich habe dort einen beobachtet, der sich aus dem Gellenbach Köcherfliegenlarven fischte, sie mit einem Fuß festhielt und die Larve aus dem Köcher zog – seitdem halte ich große Stücke auf ihn und bewundere seine Erfindungskraft. Als Abschluss unserer Vorstellung hier bleibt noch der Ziegenbart (*Clavaria aurea*), Bild 83, ein seltener skurriler Pilz, der schon von weitem, vor allem im Sonnenlicht, ins Auge fällt. Und der Zitronenfalter (*Gonepterix rhamni*), Bild 84, den jedermann kennt und der,

weil er überwintert, im nächsten Jahr einer der ersten Schmetterlinge schon im März sein kann.

* * * * * *

1 Der Admiral

2 Der Blattlauslöwe

3 Die Ameisenjungfer

4 Die Rote Waldameise

5 Der Aronstab

6 Der Aurorafalter

7 Die Blindschleiche

8 Die Bentheimer Schafe

9 Die Bergeidechse

10 Die Besenheide

11 Der Birkenpilz

12 Die Blaumeise

13 Die Brombeere

14 Der Baumweißling

15 Der Rote Bockkäfer

16 Der Braune Bockkäfer

17 Der Wespenbock

18 Der Buntspecht

19 Die Dorngrasmücke

20 Das Damwildkalb

21 Die Eicheln

22 Der Eisvogel

23 Der Efeu

26 Der Braune Bär

24 Die Erdkröte und der 25 Grasfrosch

28 Der Große Eisvogel

27 Die Einbeere

29 Die Florfliege

30 Die Feldheuschrecke

31 Die Fliegenpilze

32 Der Gelbrandkäfer

33 Der Goldlaufkäfer

35 Das Heideröslein

36 Die Hagebutte

37 Die Haselnüsse

38 Das Große Grüne Heupferd

39 Die Honigbiene

40 Der Hopfen

41 Die Hornisse

Der Autor bei der Jagd

42 Die Hohltaube

43 Der Junikäfer

44 Der Kleiber und die Kamera

45 Die Klette

46 Die Krabbenspinne

47 Der Laubfrosch

48 Der Laufkäfer

49 Die Vierfleck-Libelle

50 Der Maikäfer

51 Der Marienkäfer 22-punctata

52 Das Marienblümchen

53 Das Ochsenauge

54 Das Pfaffenhütchen

55 Der Pinselkäfer

56 Der Pirol

57 Der Riesenschirmpilz

58 Der Rosenkäfer

59 Die Ringeltauben

60 Der Rote Fingerhut

61 Der Gelbe Fingerhut

62 Das Rotkehlchen

63 „Rühr mich nicht an!“

64 Die Schlüsselblume

65 Der Schwarzspecht

66 Die Schwebfliegen

67 Die Stechpalme

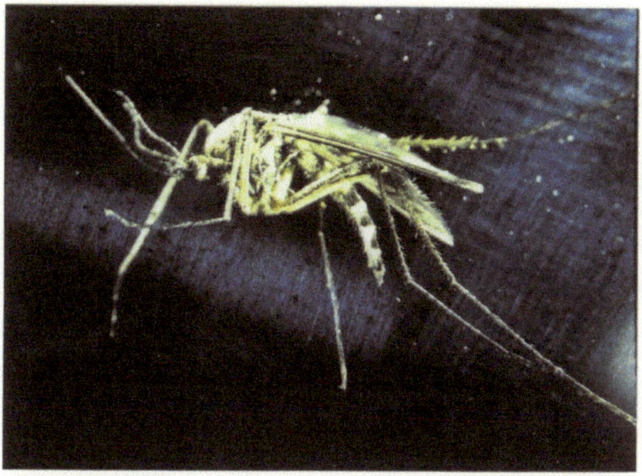

68 Die Stechmücke

69 Der Steinpilz

70 Der Schwalbenschwanz mit Raupe

71 Das Tagpfauenauge

72 Der Kaisermantel

73 Der Teichmolch

74 Der Tüpfelfarn

75 Der Turmfalke

76 Die Unke

77 Das Waldveilchen

78 Der Wacholder

79 Die Rote Wegeschnecke

80 Die Wespe

81 Die brütende Waldschnepfe

82 Der Zaunkönig

83 Der Ziegenbart

Das stärkste Tier der Welt

„Hätten wir Menschen“, heißt es irgendwo, *„im Verhältnis zu unserer Körpergröße die gleichen Kräfte wie ein Maulwurf, so könnten wir Autos, Bäume, Häuser und Felsen stemmen und auf dem Rücken forttragen.“* Nun, die Evolution hat solche Unmäßigkeiten zum Glück für alle Beteiligten gar nicht erst entstehen lassen!

Das derart erwähnte Tier lebt auch in den Bockholter Bergen und ich habe es fotografisch und literarisch zu verewigen versucht. Im übrigen bis ich in den 70-Jahren von der WWU beauftragt worden, einem chinesischen Dozenten bei seinen Studien über *Talpa europaea* hilfreich zur Seite zu stehen. Das wollten wir zunächst in den Bockholter Bergen machen, wurde aber in einem Schutzgebiet nicht erlaubt, so dass wir auf das Fanggebiet Friedhof Lauheide auswichen. Über die Versuche des Studenten kann ich mich hier nicht auslassen.

Man hat ermittelt und Fachleute haben es überprüft, dass Maulwürfe ein feines Gehör haben und außerdem ein Organ, das ihnen feinste Erschütterungen des Bodens anzeigt, eine Art von Seismograph. Darum soll es schwer sein, ihnen beizukommen. Beikommen? Warum das? „Weil“, habe ich früher behauptet, „er der größte Schädling des Menschen ist.“ Warum das? Weil seine Hauptnahrung aus Regenwürmern besteht, die jeden Boden besser zur Saat aufbereiten als jedes Ackergerät – die so genannte Gare herstellen. Dagegen hielten seine Fürsprecher, „er futtert fleißig wie keiner sonst Engerlinge und Drahtwürmer, welche des Landwirts Feinde sind.“ Die Zeiten haben sich aber geändert: Das heutige tiefe Pflügen hat sowieso allen Kleintieren des Ackers fast den Garaus gemacht – lassen wir dem Maulwurf die Reste. Im NSG Bockholter Berge haben alle Tiere und Pflanzen gleiche

Rechte, außer den Gräsern, die von Schafen kurz gehalten werden.

Seine ganzen Körperkräfte braucht der Maulwurf für seine Wühlarbeit in leichten und schweren Böden; die wechseln im fraglichen Gebiet ab, so dass, wo die Heide steht, leichte Böden sind und bei den Bäumen mit feuchtem Grund „schwere", wie man sagt. Baut der Maulwurf seine Gänge, die ihn weiter in seinem Reich fortbringen und deren Verlauf durchaus zu erkennen sind, (siehe das entsprechende Foto), schiebt er die Erde mit Schnauze und Kopf vor sich her und hebt sie an – das ist Wühlarbeit Nummer Eins. Stört ihn niemand, gibt es also keine „Erdbeben", bleiben sie lange erhalten und dienen seinem unterirdischen Fortkommen.

Er pflegt keinen Tag- und Nachtrhythmus, macht aber regelmäßige bis zu fünfstündige Pausen beim Graben und Fressen. Die so genannten Maulwurfshaufen entstehen, wenn er aus einem halben Meter Tiefe die Erde senkrecht nach oben befördert. Das ist Schwerstarbeit und kann Wiesen, Weiden und andere Grasflächen schwer schädigen – in den Bockholter Bergen stören sie natürlich nicht. (Ich habe ein „leicht bearbeitetes Foto beigefügt.) Der fleißige Arbeiter braucht mindestens die Hälfte seines Körpergewichts, das 130 Gramm betragen kann, als Nahrung. Sein Revier, das gegen Rivalen heftig verteidigt wird, kann bis zu 2.000 Quadratmeter groß sein.

Nässe ist der größte Feind aller Bodenbewohner, bei großflächigen und lang anhaltenden Überschwemmungen gehen alle zugrunde, die nicht rechtzeitig höher hinauf flüchten, Des Maulwurfs Feinde sind außer Menschen, die früher seinen wertvollen Pelz verhökerten, Fuchs, Dachs, Wiesel, Greifvögel und auch Störche und Reiher. (Ich kannte eine Jägerin, welche ihren Garten mit Schrotschüssen ins Erdreich maulwurfsfrei zu halten versuchte.)

Die Abbildungen zeigen 1 als Skizze oben die Wohnhöhle und unten die Bildung eines Erdhaufens, 2 einen Maulwurf, der den von Wanderern hart getretenen Weg oberirdisch querte, 3 des Maulwurfs Durchstoß ans Tageslicht, 4 eine vernichtend „bearbeitete“ Grasfläche und 5 einen „Originalgang Bockholter Berge“, der zu meinen Füßen und unter meiner Leica entstand.

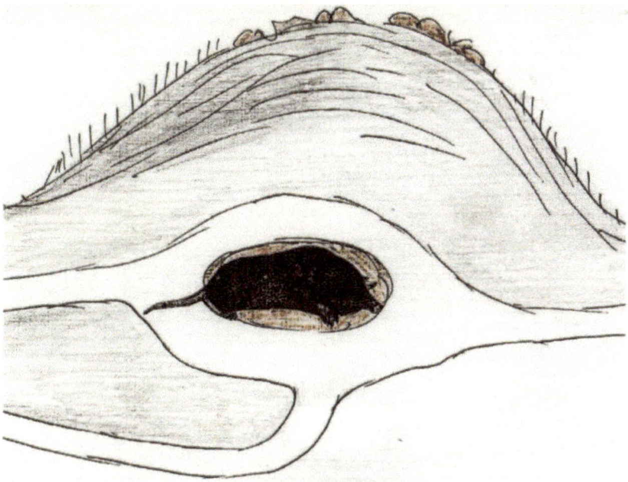

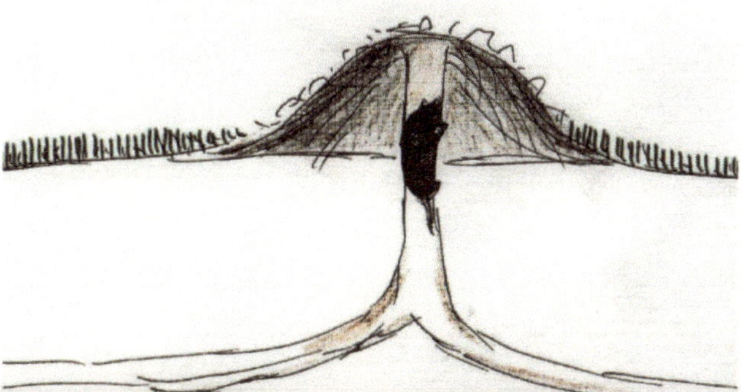

1

2

3
4
5

Der Wacholder

Wir wollen mit dem, der nicht getrunken wird und demnach nicht betrunken macht anfangen und den anderen, der nicht in der Heide wächst aber verwandt ist, später nachholen. Apotheker Mannfried Pahlow weiß Bescheid: „Der Wacholder (*Juniperus communis*) kommt entweder als niederliegender Strauch oder aber als großer säulenförmiger Baum mit anliegenden Zweigen vor. Die etwa einen Zentimeter langen Blätter, nadelförmig ausgebildet, starr und spitz, stehen zu dreien oder selten auch zu vieren wirtelig beieinander..." Neu ist hier, dass die weiblichen und männlichen Blüten nur auf verschiedenen Pflanzen vorkommen. Nach der Befruchtung reifen die beerenartigen Früchte, die auch Zapfen heißen, bis zur Reife heran – die drei Jahre dauert. Die Blütezeit läuft von April bis Mai. Über sein Vorkommen müssen wir hier nicht reden, weil uns ja nur das in den Bockholter Bergen interessiert.

Der Apotheker nennt nun zwei Möglichkeiten, etwas Vernünftiges aus den Beeren, welche ätherische Öle enthalten, zu machen. „Erstens: Die von Sebastian Kneipp empfohlene Kur. Sie beginnt damit, dass man dreimal am Tag eine Beere zerkaut und steigert diese Menge, bis man dreimal 20 Stück täglich erreicht hat. Dann rückwärts, bis man am Anfang der Ration angekommen ist - das schien mehr eine Rosskur gewesen zu sein." Auf weitere Empfehlungen einer Teemischung, die man kaufen kann, wollen wir hier verzichten.

Ein Liebhaber von Wacholderbeeren ist die Wacholderdrossel (*Turdus pilaris*),
die auch Krammetsvogel genannt wird und früher von Feinschmeckern per „Leimruten" und mit anderen Methoden gefangen wurde. Ich habe sie bis 1970 zu Winterzeiten als Durchzügler in den Bockholter Bergen beobachten können.

Nun wollen wir endlich zum trinkbaren „Wacholder" kommen. Er unterliegt natürlich strengen Vorschriften und weil die meisten Besucher der Bockholter Berge ihn kaum trinken werden, will ich mich kurz fassen. Wikipedia ist meiner Meinung: „Spirituosen mit Wacholder werden durch das Aromatisieren von Ethylalkohol landwirtschaftlichen Ursprungs… mit Beeren des Gemeinen Wacholders gewonnen. Es können weitere Aromastoffe zugesetzt werden, wobei jedoch die Eigenschaften von Wacholderbeeren wahrnehmbar bleiben müssen – na, dann Prost und wohl bekomm's dem Magen!"

Oben: Auch in Gesellschaft geben junge Bäume in den Bockholter Bergen ein dekoratives Bild ab.

Links: Man erkennt deutlich, dass ein Beerensammeln eine stachelige und durchaus gefährliche Angelegenheit sein kann.

Doch die Wachol-
derdrosseln werden damit fertig.
Die Wacholderdrossel (Quelle: pixabay)

Eine historische Flasche von Adler Dry Gin der Preußischen Spirituosen-Manufaktur. (Quelle: Wikipedia)

Der Gellenbach

Man muss es zugeben: Einen weniger bedeutenden Bach kann es kaum geben! Sein Gesamtlauf ist schnell erzählt: Von Ostbevern kommend und knapp zehn Kilometer lang erreicht er nach Unterquerung des Kanals Grevener Gebiet, zieht „naturbelassen" durch „unser" Schutzgebiet und mündet bei Gimbte in die Ems. Für Wanderer, die schlecht zu Fuß sind, ist bei diesem Streckenabschnitt Vorsicht geboten: Beim Wenigwasser der heutigen Zeit liegt der Wasserlauf tief unter den ungeschützten Wegen und Steilufern, so dass sogar Fotografen, beim Festlegen der richtigen Aufnahmeposition, Schwierigkeiten haben.

Es herrscht eine originelle Unordnung der Natur – so, wie man sie gewollt hat: Hölzer liegen kreuz und quer, alte Bäume werden unterspült und sterben ab, Vertiefungen, so genannte Kolke, bilden sich, und weil dort das Wasser ruhiger steht, ist das Wasserleben reichhaltiger: Larven von Insekten, Taumelkäfer drehen ihre Runden, Wasserläufer huschen, Stichlinge und Bartgrundels, Kaulquappen von Fröschen und Kröten müssen auf den viel beachteten Eisvogel achten, der Appetit auf sie hat oder seine Jungen in der Brutröhre versorgen muss. Einen Tag lang am Ufer des Baches sitzen, an einen Baum gelehnt und einig mit der Natur - das habe ich schon vor 1960 getan und bin sehr zufrieden gewesen.

Nur von bestimmten Standpunkten aus und unter Festhalten an Ästen und Zweigen ist es möglich, eine längere Strecke des Gellenbaches unter Bäumen zu fotografieren. Ich beobachtete mit dem Fernglas die Wasserfläche und konnte Bewegungen im flachen Wasser sehen, die von Fröschen, Wasserkäfern, Libellenlarven und von nach Luft schnappenden Molchen stammten.

Oben: Blick auf das wirre Durcheinander, das der Bach selbst geschaffen hat und das sich immer wieder verändert. Bei Hoch- und Fließwasser wird viel Gehölz und Treibgut mitgeschleppt.

Unten: Bei recht ruhigem Fließverlauf wird das Ufer freigelegt und bietet den Besuchern wie dem Flussregenpfeifer gute Möglichkeiten zum Beutemachen. Hier macht der Bach den endgültigen „Knick" nach Westen.

Oben: Taumelnkäfer „taumeln“ über stille stehende Gewässer.
Unten: Der sechsbeinige Wasserläufer ruht einmal zu Gunsten des Fotografen vom Laufen aus.

Die Bentheimer Landschafe

Früher, zu Herrn Oberforstmeisters Zeiten, hätten unterbezahlte Forstarbeiter die Bockholter Heide mit Spaten, Sägen, Äxten und Beilen von unliebsamen pflanzlichen Mitbewerbern freigehalten. Heute tun dies die lieben Bentheimer Schafe für'n Appel und Ei – das heißt fürs Essen und Trinken. Birken scheinen die Tiere aber nicht zu mögen, denn ich sah viele von ihnen unbeknabbert weiter wachsen. Wikipedia informiert über die Tiere: „Die Rasse ist nicht mit den Heidschnucken verwandt, sondern durch eine Kreuzung holländischer und deutscher Heideschafe entstanden." Schafe sind Wiederkäuer, wie jedermann es von den Rindern weiß, und essen viel Gras in frischer und getrockneter Form, das man Heu nennt. Anders als beim Menschen ist ihr Magen in vier Kammern unterteilt, deren erste drei Pansen, Netzmagen und Blattmagen heißen. Hier wird die aufgenommene Nahrung für die Verdauung im vierten, dem Labmagen, vorbereitet. Wiederkäuer **müssen** wiederkäuen! So nehmen sich Wildtiere die Zeit dazu und den Haustieren **muss** der Halter sie ihnen gewähren – das Wiederkäuen ist demnach kein echtes Ausruhen!

Dieses muntere und intelligente Landschaf erreicht eine Widerristhöhe von bis zu 75 cm. Mutterschafe werden um 75 kg, Böcke um 100 kg schwer. Die Tiere tragen eine hellweiße Wolle, jedoch gibt es einige schwarze Körperstellen. Man bemüht sich vielerorts, diese Rasse zu erhalten. In Heidegebieten sind sie unentbehrlich geworden als Mähmaschinen gegen so genannte Unkräuter. Zu diesen zählt die Moorbirke, ein zähes genügsames Gewächs, das per Hand oder Maschine nur schwierig zu beseitigen ist. Alte Birken muss man ausroden, ganz klar, aber die Blätter junger, welche von den Schafzähnen erreicht werden können, sind meist frisch und müssten den Tieren schmecken - „pustekuchen!“, sagt man im Münsterland und sagte ich, als ich von einer Bank aus sehen konnte, dass die Tiere einen kaum meterhohen Birkenbusch nach Beschnüffelung und Essprobe verschmähten; siehe Foto, wie appetitlich er aussieht!

Oben: Die Gruppe „mogelt" sich durch die Heide. Unten: Der im Text erwähnte Birkenstrauch, der in fünf Jahren zehnfache Größe angenommen haben wird und die Heide am Wachstum hindert.

Oben: Man sieht auf diesem Foto, dass kaum frisches Gras vorhanden ist. Die Tiere essen aber auch nebenher vertrocknete Halme = Heu. Unten: Hier sieht man, dass die Herde das Heidekraut unberührt lässt.

Drei Fotos grasender Schafe. Im mittleren Foto war's schon dunkel, so dass ein Auge den Blitz reflektierte. Hin und wieder schaut ein junges Tier interessiert zu, macht aber keinen Annäherungsversuch.

Ein Schildkäfer dreht sich um

Die Geschichte mit dem Schildkäfer fiel mir ein, als ich eine Population dieser „flachen“ Käfer auf einem Farnkraut entdeckte. Ich kannte diese grasgrünen Insekten von früher, als sie mir Schnippchen schlugen, wenn ich sie fotografieren wollte. Natürlich draußen im Freien, wo der Wind im entscheidenden Augenblick das Tier wegwehte, die Sonne kurz vorm Fotografieren sich hinter Wolken verbarg oder sonstige Widrigkeiten sich einstellten. Wie ich nun einen von ihnen sechsmal aufs Bild bekam, bzw. auf Bilder, habe ich bei der Vorstellung der Bilder beschrieben.

Ein Schildkäfer dreht sich um

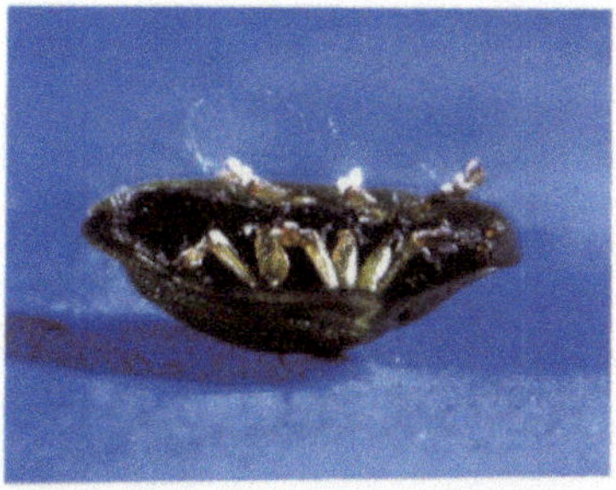

1

2

3

Sechs Fotos zum Thema „Ein Schildkäfer dreht sich um". Zu diesem Experiment musste der Blattkäfer *Cassidinae* mit ins Fotoatelier genommen werden. Im Gegensatz zu einem kugeligen Käfer kann er, einmal auf den Rücken gefallen, seine Beine nicht als Hilfsmittel einsetzen.

Bild 1 zeigt seine Rückenlage, in der er sich eine Weile ruhig verhält.

Auf Bild 2 beginnen seine sechs Beine zu zappeln, als wenn er sie zur Hilfe nehmen wollte.

Wie Bild 3 beweist, sind seine Flügeldecken die Hilfsmittel.

4

5

6

Auf Bild 4 klappt er sie so weit auseinander, dass sie ihn anheben und den Überschlag vorbereiten.

Das gelingt auf Bild 5. Seine Beine federn die Landung ab.

Im Bild 6 trabt er munter in entgegengesetzter Richtung vondannen. Es ist klar, dass ich ihn nach vollbrachter Leistung in die Bockholter Berge entließ...

Die Bäume der Bockholter Berge

Nur wenige aus meiner Leserschaft, wohl auch diejenigen, die schon häufig die Bockholter Berge durchwandert haben, werden wissen, was ein „Überhälter" ist. Ich weiß es, weil ich im Lauf meines Werdegangs „Mitarbeiter" derer war, die mit Wald und Forst zu tun hatten. „Überhälter", erklärt Wikipedia klipp und klar und kurz und bündig, „in der Schweiz als ‚Überständer' bezeichnet, sind einzelne ausgewachsene Bäume, deren Krone sich deutlich über die sie umgebende Gehölzvegetation erhebt."
Verstanden? In der Forstwirtschaft werden einzelne Bäume auf einer gerodeten oder aufzuforstenden Fläche belassen. Sie bieten den nachwachsenden Jungbäumen Schutz vor Regen und zu starker Sonne, sehen gut aus und sorgen dafür, dass Insekten und Vögel heimisch bleiben.

In diesem Buch jeden sehenswerten Baum vorstellen zu wollen, ist utopisch, eine gerechte Auswahl ebenso. Dabei ist es mir überlassen, nach meinen Gesichtspunkten, das heißt fotografischen, vorzugehen. Ich habe schon in etwa betont, dass trotz NSG „ratzeputz" zugunsten der Heide und des Wacholders vorgegangen werden sollte. Das erste Bild dieses Kapitels zeigt eine typische Überhälterkiefer von hundert Jahren, deren Konkurrenten im Hintergrund lauern. Wie ein aufgeklappter Schirm schützt sie den Kleinbewuchs unter sich. Der abgebildete Kiefernstamm des zweiten Fotos ist im Umfang zehn Jahre älter. „Schlanke Jungkiefern im letzten Abendlicht" kann man das dritte Bild nennen. Hauptbaum des Gebietes ist fraglich die Eiche, welche auch die meisten Blitze einfängt. Der Baum nimmt Schaden, Insekten und anderen Verstecktieren gefällt es. Man erkennt auf dem nächsten Bild, dass die unteren Äste des Baumes abgesägt worden sind. Das hat man beim nächsten Baum nicht gemacht. Auch bei den Zwillingen nicht. Eine Birke groß werden zu lassen ist keine Schutzmaßnahme. Die nächste Eiche, direkt im Gellenbach wurzelnd, wird von diesem „umgebracht". Dass man die nächste gestorbene liegenlässt, ist echter biologischer Unterricht. „Totholz" schafft neues Leben! Die beiden letzten Bilder eröffnen als Nacht- und Blitzlichtaufnahmen neue Aus- und Einblicke.

Johann Wolfgang von Goethe war ein naturinteressierter Poet, der manche Wahrheit von sich gegeben hat. Wir zitieren ihn hier dreimal:
1.) Vor Ziegenbock und Käferzahn soll man ein Bäumchen wahr'n.
2.) Sag ich's euch, geliebte Bäume, die ich ahndevoll gepflanzt, als die wunderbarsten Träume morgenrötlich mich umtanzt?
3.) Ein Baum, dessen Zweige von unten bis oben, die ältesten wie die jüngsten, gen Himmel streben, der seine dreihundert Jahre dauert, ist wohl der Verehrung wert.

Die nun in Bildern folgenden Baumarten zu beschreiben, werde ich mir verkneifen, weil die Fotos sie für jedermann erkennbar abbilden. Wie wir schon gelesen haben, sind Bäume vielfach bedichtet worden, regelrecht angesprochen, und eine Ausnahme soll nur jener Baum machen, der als erster erscheint: Es ist eine typische Überhälter-Kiefer, die sich schirmartig ausbreitet, als wollte sie alles unter sich beschirmen. Das zweite Foto, das schon mit einem Sprichwort geehrt wird, ist ebenfalls eine Kiefer – sie steht hier, weil ihre Borke das klassische Abbild von Baumschutz darstellt: Wer so umhüllt ist, der lebt noch lange...

„Auch der Baum, auch die Blume warten nicht bloß auf unsere Erkenntnis. Sie werben mit ihrer Schönheit und Weisheit aller Enden um Verständnis.“ (Christian Morgenstern)

Ein einzeln stehender junger Wacholderbaum in den Bockholter Bergen – so etwas nennt der Fotograf „freigestellt". Es werden noch Jahre vergehen, ehe er groß geworden ist.

Oben: Verwachsen und verschlungen... Man muss gut zu Fuß und „Schuhen" sein.

Unten: Einen Sitz- und Rastplatz scheint man stehengelassen zu haben.

„Ein alter Baum ist nicht mehr zu verpflanzen.“ (Sprichwort)

„Zwillinge werden nie ganz gleich.“ (Elternerfahrung)

„Pättkes“ und Wege in den Bockholter Bergen - „da dein Fuß gehen kann...“.

Pättkes ist plattdeutsch und bedeutet „Pfade“, die man zu Fuß zurücklegt. „Weg“ definiert das Deutsche Wörterbuch von 1996 folgendermaßen: „Strecke, die an einen Ort führt“, oder „einzuschlagende Richtung“, oder „mit Ortsveränderungen verbundene Erledigungen“, oder dergleichen mehr... Wir meinen hier jene mit niedrigen Holzzäunen begrenzte Wanderwege, die den Besucher der Bockholter Berge auf die Schönheiten des NSG aufmerksam machen, aber auch in die Schranken verweisen – denn wo ein Mensch seine Füße hinsetzt, das hat die Geschichte gelehrt, hinterlässt er nicht nur positive Spuren. Diese Wege hier sind nummeriert und führen in dieser Art und Weise nur durch das Kerngebiet – das ja eingezäunt ist. Wir haben versucht, das sind mein Schwiegersohn Buchautor Stefan Wallmeyer und meine Wenigkeit, die dekorativsten in den beigefügten in Fotos festzuhalten.

Im schönsten Abendlicht gefasst: Einen der äußerst attraktiven Wanderwege

...auf denen man den grün schillernden Sandlaufkäfern die Vorfahrt lassen sollte.

Neulinge wissen nicht, wie‘s nach der nächsten Kurve aussieht.

Hier ist eine Taschenlampe hilfreich. In ihrem Licht sind Erdkröten sichtbar und man sollte ihnen den Vortritt lassen.

Das gilt besonders für diesen Weg, der gut begehbar nach Osten führt.

Wenn die Dämmerung eintritt, wirkt die Natur geheimnisvoller.

Hier ist im Vordergrund klar zu sehen, dass ein Maulwurf den Weg unterquert hat.

Schilder regeln den „Verkehr“: Es ist klar, dass die eingegatterten Wege nicht beritten werden dürfen. Auch für mein E-Mobil war Schluss – es hätte die meisten Wege gar nicht geschafft.

Die Zauneidechsen der Bockholter Berge

Warum Carl von Linné der Zauneidechse den „Zunamen“ *agilis,* (die flinke), vergeben hat, bleibt ungeklärt; vielleicht kannte er die südliche Eidechse, Mauereidechse, (*Lacerta muralis*) noch nicht. Die Zauneidechse hebt sich von unserer anderen Eidechse, die wir schon behandelt haben, dadurch ab, dass sie Eier legt und diese an klimatisch günstigen Stellen wie viel Sonneneinstrahlung und südliche „Hanglage“ im Erdreich verbuddelt. Damit ist die Arbeit des Weibchens in Sachen Arterhaltung getan.

Es ist klar, dass hier der Zufall seine Hand im Spiel hat: Denn Weibchen und Mütter, welche ihre Jungen bis zur Geburt in sich tragen, bieten diesen bessere Überlebenschancen! Und sie können als Art in Gegenden unserer Erde vorstoßen, die ihnen sonst unerreichbar sind: Genauso verhält es sich zwischen Zaun- und Waldeidechse, welche ich noch in Mittelschweden beobachten konnte. Sonst stimmt natürlich Linnés Namensgebung: Die Zauneidechse ist erheblich flinker als ihr Namensvetter. Doch ist auch sie stark betroffen vom allgemeinen Rückgang der Eidechsenbestände. Ein ganz kurzer Rückblick in eine andere Gegend, die früher fürs Eidechsenvorkommen beispielhaft war: Die Insel Wangerooge in den 60er-Jahren. Wo sind sie geblieben, die vielen Eidechsen in den Vorgärten der Häuser, an den Südseiten der Dünen und in den Mulden voller Heidekraut, auf den Friedhöfen gar? Eine Antwort erübrigt sich!

Oben: Ein prächtiges Zauneidechsen-Männchen, fast schon einer Smaragdeidechse gleichend, vor seiner Sandhöhle.

Unten: Das schlichter gekleidete Weibchen hat es sich auf meinen Schuhen bequem gemacht.

Oben: Zwei Zauneidechsen-Kinder, eine Woche alt, deren Geschlecht noch nicht erkennbar ist. Sie müssen beim Sonnenbad sehr aufmerksam sein, weil sie viele Fressfeinde haben. Unten: So sieht es aus, wenn das Eigelege geplündert oder vom Maulwurf freigelegt wird.

Vorschriften, Verfügungen, Wünsche und Ziele

Das NSG (Naturschutzgesetz) für die Bockholter Berge, die offiziell 61 Hektar groß sind, ist von der Bezirksregierung zu Münster 2005 in Kraft gesetzt und bis ins Jahr 9999 befristet worden. Sie sind bürokratisch in den Punkten a) bis g) „zur Erhaltung“ formuliert und nennt die zu schützenden Tiere, Pflanzen und Biotope beim Namen: Kamm-Molch, Eisvogel, Groppe (ein Fisch), Steinbeißer, Wachtelkönig, Dünenbereiche, Wacholder, Steil- und Flachufer, Verlauf des Gellenbachs, Lebensgemeinschaften und vieles mehr, das hier nicht aufgelistet werden kann. Das Gebiet wird genau beschrieben: „...es grenzt im Süden und Westen an die Emsaue an, im Norden liegt das Landschaftsschutzgebiet Guntruper Berge und im Osten wird die Fläche von der Straße Schifffahrter Damm begrenzt...“

Schutzziele sind Erhaltung und Wiederherstellung von ausgedehnten Dünen mit Wacholderheide, Sandtrockenrasen und offenen Sandflächen. Als Gefährdung sieht man Aufforstung, Einwanderung, Wegebau und Aktivitäten der Freizeit an. Also: „Keine wegebaulichen Maßnahmen, dafür Umwandlung in einen bodenständigen Gehölzbestand.

Die Besucher

„Sie kommen nicht in Scharen, auch am Sonntag und in den Ferien nicht“, stellte ein so genannter Naturfreund mir auf Befragen fest. Und ließ durchblicken, dass dieses ihm gut gefiel. „Selbst in Zeiten“, fuhr er fort, „wo andere Vergnügungen und Unterhaltungen wegbrechen wie tote

Zweige am Baum, ist ein Besuch der Natur heute keine Alternative mehr.“ Recht hat er!

Ich erinnere mich wie zum Anfang meiner Ausführungen schon, wie unser Biologielehrer uns Schüler andächtig aufmerksam machte:
„Hört ihr den Pirol mit seinem ‚Didlio‘? Da hämmert der Specht! Und der Kuckuck kuckuckt.“
Indessen ihm Hermo F., Klassensprecher, ein Großes Grünes Heupferd mit dem Linnè-Namen *Tettigonia viridissima* hinten aufs Jackett setzte, von wo es aufsteigend seinen Kragen und Nacken erreichte und ihm in die Hand biss, dass er aufschrie.
„Wenn das nun, Herr Studienrat, eine Grüne Mamba gewesen wäre!“
Wir alle wussten die Antwort und waren froh, nicht in Venezuelas Urwäldern unterwegs zu sein. Alle Schulkameraden, weiß ich mich zu erinnern, haben ihr früheres Interesse für die Natur später fahren gelassen. Das wird heute beim Überangebot der Unterhaltung kaum anders sein. So wenden wir uns kurzerhand dem letzten Kapitel unseres Buches zu.

Das Team

Es besteht aus vier Menschen dreier Generationen: Vater, Tochter, Schwieger- und Enkelsohn, gemeinsam über 200 Jahre alt.Nach einigen Besuchen auf verschiedenen Fahrzeugen wie E-Mobil, Automobil und Motorrad ließen sie vorerst die Bockholter Berge hinter sich, während der stille Ort Gimbte in die Nacht sank, um das Geschaffene der letzten Monate und Wochen zu Papier zu bringen – Bücher bestehen ja zu hundert Prozent aus Papier, der Rest ist Druckerschwärze und Klebstoff...

Gimbte liegt Dunkeln, die Straßenlampen, hier nicht auf dem Bild, sind natürlich eingeschaltet. Nun heißt es, aufgesessen aufs E-Mobil und ab nach Greven – Tschüss ihr Bockholter Berge!

Darüber hätte sich der Dichter freuen können: Besuch der Autorenfamilie an seinem Gedenkstein in der Bockholter Bergen

E N D E